LETTRE

SUR

Les moyens d'éclairer la confiance des malades, et de les prévenir contre les remèdes qui s'opposent aux efforts salutaires de la nature, spécialement contre les évacuations sanguines, dont la funeste influence est démontrée, dans l'arrondissement de Dinan, par une augmentation remarquable dans le nombre des décès.

LETTRE

DU

D.ʳ L. F. BIGEON,

Médecin des Épidémies , Inspecteur des eaux minérales de Dinan, M. C. du Cercle médical, des Sociétés de médecine pratique , médicale , académique des sciences de Paris , etc.

SUR

Les moyens d'éclairer la confiance des malades, et de les prévenir contre les remèdes qui s'opposent aux efforts salutaires de la nature, spécialement contre les évacuations sanguines, dont la funeste influence est démontrée, dans l'arrondissement de Dinan, par une augmentation remarquable dans le nombre des décès.

Saigner un malade qui n'a pas un besoin urgent de cette opération , c'est l'assassiner ; et combien d'assassinats n'ont-ils point lieu chaque jour impunément sous l'égide d'un diplôme !

CHAUMETON , *Journal univ. des sc. méd. t.* 3 , *page* 354.

PARIS,

Chez LANGE, Libraire, rue Croix-des-Petits-Champs, n.º 50.

A DINAN,

Chez J.-B. HUART , Imprimeur-Libraire.

Avril , 1822.

AVIS.

Dans cette réponse à une lettre de M. le Sous-Préfet de Dinan, l'auteur a voulu non-seulement appeler l'attention du gouvernement sur nos institutions médicales, mais prévenir ses concitoyens contre l'abus des remèdes. *La médecine qu'il a appelée physiologique, et qui a pour base des différences mieux calculées de l'homme sain et malade, s'appuie sur les meilleures inductions de la Séméiotique, en remontant le plus possible des effets aux causes (a).* C'est en suivant cette marche analytique qu'il a pu émettre, il y a plus de vingt ans, des pensées que l'on professe aujourd'hui, sur les exhalations sanguines, sur l'inégale répartition des forces vitales, sur la nécessité des recherches relatives aux lésions organiques, sur le danger de la médecine symptomatique.

Autrefois la moitié des enfans mouroient avant d'avoir eu la petite vérole, et la vaccine, en nous préservant de cette maladie qui faisoit périr un dixième de l'autre moitié, ne pourroit dimi-

---

(*a*) Extrait d'un rapport lu à la société de médecine de Paris, en 1805 et inséré dans son journal, n.º 114.

Voyez, page 41, l'explication de quelques termes de médecine, employés dans cet écrit.

nuer que d'un vingtième le nombre annuel des décès. Cette heureuse découverte a excité la sollicitude des gouvernemens les plus éclairés , les plus sages : resteront-ils indifférens à la propagation de la médecine physiologique ? Des témoins irrécusables, les registres de l'état civil, attestent son utilité. Elle diminueroit de plus de moitié la mortalité ordinaire , et elle doubleroit ainsi l'existence humaine , si la confiance des malades étoit plus éclairée , si l'on encourageoit les succès, si , pour démasquer le charlatanisme , l'on comptoit les tombeaux.

L'auteur ayant reçu du gouvernement quelques indemnités , comme médecin des épidémies , croit ne pouvoir mieux les employer qu'en offrant au Roi, aux Chambres , aux Ministres , à M. le Préfet des Côtes-du-Nord , à MM. les Maires , Curés et Officiers de santé de l'arrondissement, l'hommage de cette lettre , dont il ne se réserve que le droit de propriété. L'éditeur cèdera les autres exemplaires aux prix de l'impression.

LETTRE

Sur les moyens d'éclairer la confiance des malades, et de les prévenir contre les remèdes qui s'opposent aux efforts salutaires de la nature, spécialement contre les évacuations sanguines, dont la funeste influence est démontrée, dans l'arrondissement de Dinan, par une augmentation remarquable dans le nombre des décès.

La recherche du mode de lésion que nos organes éprouvent dans les maladies, ayant été l'objet spécial de mes études, pour mieux saisir le caractère de ces lésions, je n'ai employé qu'un petit nombre de médicamens et toujours ceux dont les effets m'ont paru avoir été observés avec le plus de soin; en sorte que je n'ai point les données nécessaires pour répondre aux questions que vous m'avez remises, relativement aux propriétés comparées des substances médicinales indigènes et exotiques. Cependant j'ai reconnu que l'usage des premières est trop généralement négligé, qu'elles pourroient presque toujours être substituées à celles que nous recevons de l'étranger; et que, si elles sont quelquefois insuffisantes, c'est le plus souvent lorsque la foiblesse ou l'irritabilité ont été augmentées par l'abus des évacuans du canal alimentaire, des saignées, ou des sangsues.

Faire connoître les funestes effets d'une médication essentiellement débilitante et perturbatrice, seroit donc servir l'humanité, et, sous le rapport de l'économie politique, atteindre presque entièrement le but que se propose son Excellence le ministre de l'intérieur. Pour seconder, autant qu'il m'est possible, ses bienveillantes intentions, je vais rompre le long silence dont on s'est plaint, me dites-vous, à M. le Préfet; je vais rappeler quelques-unes des indications qui se présentent au lit des malades, et ajouter quelques observations et quelques réflexions à celles que j'ai publiées sur le danger des théories qui n'ont point pour base l'expérience confirmée par le nécrologe.

Quels qu'aient été jusqu'ici les résultats de l'application de la médecine au traitement des maladies, on ne peut méconnoître son influence sur la population et sur la prospérité des états. Elle est d'un grand intérêt pour tous les hommes; mais chacun s'étant cru appelé à émettre ses opinions, à prescrire des remèdes, on a vu de nos jours les systêmes les plus irréfléchis, les plus dangereux, trouver des appuis et des propagateurs. On a vu ces systêmes se succéder rapidement, et leurs auteurs ont entraîné presque tous les suffrages, lorsqu'ils ont paru réduire la science la plus difficile, la plus abstraite, à un petit nombre de propositions faciles à retenir. Toujours ces propositions ont été d'autant mieux accueillies, d'autant plus admirées, qu'elles ont tendu à faire adopter une médication plus active; et les adeptes de ces théories, également sourds aux cris de leurs victimes, et à la voix des médecins muris par l'expérience, ont agi comme s'ils ignoroient que la surexcitation, la douleur et la fièvre, sont les symptômes ordinaires d'un travail de la nature, et que ce travail, nécessaire au rétablissement des fonctions altérées, termine heureusement et promptement presque toutes les maladies, lorsqu'il est dirigé d'après les principes d'une bonne physiologie.

Ce n'est ordinairement qu'après des dégoûts plus ou moins prolongés, après des évacuations quelquefois abondantes, après des travaux excessifs, que les maladies se manifestent par des

symptômes assez inquiétans pour exciter l'attention des médecins et même celle des malades ; et la masse de nos fluides
étant alors moindre , souvent de plusieurs livres de ce qu'elle
étoit lorsque nous jouissions d'une santé parfaite, leur quantité absolue ne peut être considérée comme cause des
irritations morbides. Cette observation ne sera point oubliée
par les personnes qui , dans les discussions médicales , ne re-
cherchent que le vrai et l'utile ; mais il en est une bien plus dé-
cisive et qui n'a point été jusqu'ici assez généralement connue :
c'est qu'il meurt plus d'un cinquième , souvent plus de la
moitié des malades soumis à une médication essentiellement
évacuante, et que la plupart de ceux qui survivent éprouvent
une convalescence longue, pénible, incertaine, et de fréquentes rechutes.

L'uniformité de résultats remarquée dans quelques hôpitaux de
Paris , lorsqu'ils étoient confiés à des médecins qui , dans des circonstances analogues , traitoient leurs malades , les uns en les af-
foiblissant par des évacuations sanguines abondantes , les autres
en irritant le canal alimentaire par des vomitifs et des purgatifs , confirme les observations que j'ai publiées sur le
danger de ces remèdes ; et, plus je me suis occupé de recherches nécrologiques, plus je me suis convaincu que les malades ainsi traités meurent dans une plus grande proportion que
les indigens, lors même qu'ils sont privés des secours de la médecine ; tandis que , dans les circonstances ordinaires , il ne périt
pas un centième de ceux dont le traitement consiste à modérer les évacuations excessives , à provoquer celles qui sont insuffisantes ou supprimées , à exciter les organes qui languissent
privés des fluides qui doivent les animer ; enfin à diriger les
forces vitales de manière à rétablir le rapport qui doit exister
entre les diverses fonctions.

En l'an 7 , j'exposai les bases de cette doctrine, à laquelle j'ai,
à diverses époques, donné de nouveaux développemens (1).

Je la désignai, en l'an 13 , sous le nom de médecine physiologique (2). Plusieurs médecins , plusieurs sociétés de médecine
s'empressèrent alors d'appeler l'attention publique sur une méthode qui , comme déjà j'en avois acquis la certitude, pourroit
aisément diminuer de plus de moitié le nombre des décès , et
guérir , en peu de jours , souvent en quelques heures , plus des
neuf dixièmes des malades : tous mes soins ont tendu à dé—
montrer son utilité , par le nécrologe. Les résultats me font
oublier des travaux bien pénibles, des contradictions aussi in—
justes que répétées ; mais je suis toujours convaincu qu'une médecine vraiment physiologique ne sera point généralement adoptée , tandis que notre législation médicale ne tendra pas à
faire connoître les revers et les succès , à éclairer ainsi la confiance des malades. La plupart de ces derniers , lorsqu'ils ne
font point usage de remèdes assez actifs pour déterminer l'éva-
cuation d'une quantité remarquable de sang ou de bile , ne
voient dans leur rétablissement que la force de leurs constitutions: ils se croient libres de toute reconnoissance envers la
médecine.

Sans doute, les ministres que cette science avoue , ne peuvent
être affectés d'un sentiment qu'ils ont dû prévoir. Ils trouvent
le prix de leurs soins dans la jouissance que procure toujours
le souvenir d'un bienfait ; et , s'ils n'avoient à craindre que
l'indifférence , ils auroient de nombreux imitateurs , de dignes
émules. Plusieurs aujourd'hui honorent l'humanité et la science ;
mais combien d'autres hommes, également distingués par leurs
vertus , par leurs talens , par leurs fortunes , ont été éloignés de
la pratique des sciences médicales, moins par les fatigues et les
dangers auxquels ils eussent été exposés, que par l'injustice,
par l'ingratitude des malades qui , devant l'existence aux sages
conseils qu'ils ont reçus , accusent leurs médecins des maux qu'ils
éprouvent , souvent après des imprudences graves , souvent
à des époques éloignées de leurs premières maladies ; et ils les

accusent , parce que des remèdes qu'ils sollicitoient alors , et qui eussent entraîné leur perte, ne leur ont pas été administrés.

La classe la plus nombreuse de la société est étrangère à la connoissance des lois de notre organisme ; et moins on s'est livré à l'étude de ces lois, plus on prononce affirmativement sur toutes les questions médicales , plus on est disposé à ne voir dans les maladies que les nerfs ou les humeurs. Les nerfs sont-ils affectés ? tout traitement est alors , dit-on, au moins inutile. Si ce sont les humeurs, le sang ou la bile , ne pas les évacuer, c'est, ajoute-t-on , vouloir déterminer la perte des malades ou prolonger leurs maladies. Cependant il ne seroit pas nécessaire de se livrer à de profondes réflexions pour se convaincre que l'action des solides sur les fluides et des fluides sur les solides, est telle que leur état morbide est toujours simultané, que les nerfs sont les seuls organes de nos sensations, qu'ils sont affectés toutes les fois que nous souffrons , mais qu'ils ne font que transmettre les impressions qu'ils reçoivent ; qu'en conséquence, aucune maladie n'est essentiellement nerveuse , aucune n'est essentiellement humorale. C'est le mode de lésion que les organes éprouvent, c'est la cause de ces lésions et les soins qui doivent leur être opposés qu'il importe de connoître.

Des transpirations trop abondantes ou supprimées , des froids vifs ou prolongés, l'abus des substances âcres et stimulantes, une commotion ou une congestion cérébrale , un chagrin profond, des remèdes, des boissons, des nourritures trop débilitantes, changent le mode de sécrétion des sucs qui doivent dissoudre les alimens Ceux-ci fermentent, des vents se développent, un chile mal élaboré altère le sang, il irrite l'estomac ; mais ne considérer dans les affections morbides que l'irritation , donner le précepte de combattre toujours directement les effets d'une cause morbifique, les symptômes, ce n'est pas faire de la médecine physiologique, c'est faire retrograder une science qui est appelée à prolonger notre existence, et qui pourroit

plus que toute autre , concourir au développement de nos facultés physiques et intellectuelles.

La plupart des agents morbifiques , à l'action desquels nous
sommes soumis , et dont nos fluides peuvent être le véhicule ,
n'étant connus que par des effets que modifient les constitutions
individuelles , on nie qu'ils puissent être les élémens des maladies , on conteste leur existence , qu'enseignoient Hippocrate et
les médecins qui , comme lui , se sont présentés au lit des malades avec l'instinct ou plutôt avec le génie qui dispose à bien
voir. Mais qui ne sait que la renommée a ses adorateurs ; que
pour acquérir de la célébrité , il suffit de combattre par des raisonnemens spécieux , présentés avec chaleur , les propositions les
mieux établies , et qu'en médecine les vérités les plus importantes
ayant été souvent répétées , on ne peut que difficilement fixer
les regards de la multitude , si ce n'est par une pratique hardie
et par des opinions contraires aux idées généralement reçues ?

Le nom d'un solidiste pur a rétenti dans toute l'Europe ,
parce qu'il a nié la rage ; d'autres nient le danger des miasmes
les plus évidemment pernicieux : et faut-il moins compter sur
la crédulité publique , pour dire , par exemple , que , dans la
goutte , l'irritation est transmise par sympathie , et qu'elle se
porte d'un pied à l'autre , de là successivement aux poignets ,
aux genoux , à la poitrine , à la tête , d'où elle se reporte à la
partie la première affectée , sans qu'aucun stimulant extérieur ou
mêlé à nos fluides l'y rappelle ?

L'expérience nous apprend que quand la rougeur , la tension , le gonflement se manifestent , l'irritation devient moins
vive , et qu'alors des concrétions salines se déposent dans les
parties qui sont le siège des douleurs arthritiques , à moins que
des sels analogues à ces concrétions , ne soient entraînés par la
voie des urines ou de la transpiration. L'expérience nous apprend aussi que quand des dartres , des érysipèles , se forment à
la peau , la douleur cesse presque entièrement , et que la goutte

reparoît aux articulations ou se porte sur quelques viscères, si ces affections éruptives et vraiment critiques sont répercutées. La plupart des goutteux ont bon appétit ; souvent aucun symptôme d'irritation gastrique ne se manifeste, et les douleurs articulaires qu'ils éprouvent, cessent de se faire sentir, quand le canal alimentaire est irrité par des vomitifs ou des purgatifs, ou enflammé, même dans toute son étendue, comme on l'observe dans les dysenteries graves. Malgré ces dernières observations, on a dit et l'on répète aujourd'hui, que la goutte doit être ajoutée aux mille et un effets sympathiques de l'irritation de l'estomac. Mais réduire cette maladie et toutes celles qui ne sont pas bien connues, à des sympathies pathologiques sur lesquelles les Willis, les Whyhtt, les Haller, les Barthez, les Bichat ont émis des opinions différentes et toujours contestées, ce n'est point ajouter à nos connoissances, ce n'est point éclairer la pratique des sciences médicales.

Je crois devoir présenter ici quelques observations contre cette doctrine, parce qu'en expliquant tous les phénomènes morbides par des sympathies, on conteste la nécessité de la réaction vitale contre les élémens morbifiques, et l'on croit pouvoir justifier une médication essentiellement débilitante et perturbatrice.

Deux savants et modernes défenseurs des sympathies pathologiques, en émettant d'ailleurs des opinions différentes, en écrivant pour se combattre, reconnoissent : l'un, « qu'il est impossible de démontrer la cause et les moyens de communication des sympathies » ; l'autre, « qu'il n'y a aucun ordre rigoureux et constant, et sur-tout aucun rapport de cause et d'effet dans l'intensité relative des deux termes du phénomène sympathique. » (3).

« Il n'y a rien de matériel dans le froid ; mais la peau, ajoute-t-on, troublée dans son jeu particulier par le froid, occasionne sympathiquement dans la plèvre un autre trouble porté jusqu'à l'affection... Les sympathies sont le résultat d'un jeu animé d'organes vivans qui s'envoient et reçoivent réciproquement des irradiations... Un organe se dégorge en transportant l'irritation sur une autre partie, et cela par un effet de la puissance de l'organisme qui n'est pas le principe vital, et qui exerce ses fonctions sans *qu'il y ait aucun rapport entre les causes et les effets, sans règle ni mesure* ».

Ces *larges conceptions* n'ont point été et ne seront probablement ni discutées ni sérieusement contestées. Elles sont d'un ordre si élevé, que personne n'essaie de les approfondir. J'aurai la même discrétion. Les adeptes ne m'écouteroient pas. En les proclamant, ils ont fait preuve d'une crédulité parfaite, d'une confiance entière dans la parole de leur maître, et les personnes qui n'admettent comme vraies que les propositions confirmées par des faits bien observés, repoussent cette doctrine et les pernicieuses conséquences que l'on en tire. Ils savent que l'irritation et la douleur augmentent les phénomènes vitaux, que toujours les fluides s'arrêtent et forment congestion dans les parties surexcitées, que cet axiôme, *ubi stimulus, ibi affluxus,* étant une vérité d'observation qui ne peut être contestée, il est certain que toutes les inflammations se termineroient comme celles qui sont dues à l'action permanente d'un excitant méchanique, par suppuration ou par gangrène, si les causes qui les déterminent ne cessoient d'agir: et pourquoi cesseroient—elles d'agir, lorsque toutes les circonstances sont les mêmes, si elles n'étoient un excitant matériel susceptible d'éprouver, dans la partie malade, des modifications salutaires?

Rechercher les causes et les symptômes de l'altération des fluides, altération que démontrent l'odeur qu'ils exhalent, leur couleur, leur consistence, leur analyse, et admettre pour la conservation de la vie, un principe réagissant contre tout ce qui peut en altérer les fonctions, est—il donc moins philoso-

phique que de supposer des sympathies qui , comme des Protée ,
se reproduisent sous toutes les formes et se montrent souvent en
opposition avec nos connoissances anatomiques et physiologiques , que de supposer « qu'une irritation du cerveau donne
lieu , *par imitation* , à des phlegmasies du foie , des membranes
muqueuses , de la peau et à des abcès en divers endroits » ?

Non , les inflammations ne reconnoissent pour cause ni
une irradiation ni une imitation. Elles ne peuvent se former
sans l'action d'un stimulant en rapport direct avec la partie
qui en devient le siège. Elles ne peuvent en disparoissant, *par*
sympathie , en déterminer d'autres dans des organes éloignés.

Lorsqu'un principe délétère , un chile mal élaboré , un
miasme , un virus circulent avec nos humeurs , les organes sé-
crétoires sont plus ou moins affectés , les fonctions qu'ils exercent ,
se font irrégulièrement , quelquefois elles cessent, et bientôt alors
des pléthores locales , des congestions se forment dans les tissus
dont le système capillaire ne peut opposer une réaction suffisante
aux fluides qui s'y rendent. En séjournant , ces fluides s'altèrent
de plus en plus et deviennent des stimulans assez énergiques
pour exciter l'action vitale , pour déterminer un nouveau mode
de sécrétion , et changer ainsi le rapport dans lequel se trouvent
les élémens de la congestion morbide.

Quand la douleur diminue , quand elle n'est pas excessive ,
d'autres irritations peuvent se manifester ; et ces excitations mé-
dicatrices alternatives ou simultanées se reproduisent, tandis
qu'il existe dans une partie une cause morbifique assez importante , pour déterminer par sa masse ou par ses propriétés
stimulantes , une inégale répartition , une exaltation des forces
vitales, d'où résulte la constriction des capillaires, la douleur,
la chaleur , la rougeur , enfin un changement plus ou moins
sensible dans la composition chimique des fluides. Changement que les pères de la médecine , les observateurs des lois
que la nature s'est imposée , ont appelé coction , quoiqu'ils

n'ignorassent pas que les effets ordinaires du feu , diffèrent es--
sentiellement de cet acte de la vie , qui presque toujours pro--
cure l'heureuse solution des maladies , lorsqu'on le dirige par
une médication appropriée à l'organe malade , lorsqu'on diminue
la surexcitation locale par des applications emollientes , tan--
dis que l'on détermine dans une partie éloignée une stimu--
lation plus vive que celle dont on redoute les effets.

La pléthore simple, même locale , ne peut être considérée
comme cause des irritations morbides, puisque ces irritations
cessent malgré la distension des vaisseaux , ou plutôt lorsque
cette distension a lieu. Les fluides que l'irritation oblige à sé-
journer dans la partie malade, délayent, affoiblissent ainsi le
principe délétère qu'une sécrétion muqueuse tend à isoler des
parties qu'il stimule.

Ces observations confirmées par tout ce que l'on remarque
au lit des malades et plus sensiblement dans les affections éruptives et articulaires ambulantes , dans les maux de dents ,
d'oreille et autres fluxions, sont bien propres à aider la solution
des problêmes que nous offrent encore plusieurs maladies dites
essentielles, et à nous expliquer comment la fièvre peut être
médicatrice, comment on peut toujours utilement aider ou
diriger l'action des organes, modérer l'inflammation de ceux
qui importent à notre existence , et obtenir ainsi une terminaison favorable des lésions qu'ils éprouvent , toutes les fois
que leurs tissus ne sont pas profondément altérés ou détruits.

La transpiration est de toutes les sécrétions la plus abon--
dante. Dans la santé , elle équivaut en poids au moins à la moitié des substances fluides et solides que nous prenons ; mais elle
se fait irrégulièrement et elle devient presque nulle après une
excitation violente ou trop prolongée, après l'usage de nourritures et de boissons trop débilitantes , de vomitifs , de purgatifs ,
de saignées ou de sangsues. La connoissance des lois qui pré--
sident aux évacuations cutanées et pulmonaires est donc des plus

importantes à la pratique de la médecine ; et les médecins pour qui l'observation n'est point un vain mot, savent que chaque jour plusieurs livres de fluides, en sortant par la transpiration, débarrassent le sang des parties les moins propres à vivifier nos solides, souvent des miasmes ou des virus qui, s'ils n'étoient pas évacués, détermineroient l'affection morbide des organes soumis à leur influence. Ils savent qu'une inflammation, quelque aiguë qu'elle paroisse, devient rarement mortelle, lorsque le traitement qui lui convient est secondé par une irritation suffisante et méthodique de la peau, à laquelle on rend sa souplesse et sa perspirabilité par des frictions, des onctions, des bains et autres applications qui en préviennent l'érétisme.

Dans les maladies, il y a souvent inégale répartition, mais rarement ou plutôt jamais augmentation des forces vitales considérées dans l'ensemble des tissus organiques. Ces tissus qui sont doués d'une sensibilité particulière, exercent des fonctions essentiellement différentes, et ne sont point soumis au même mode d'excitation, à l'influence des mêmes principes délétères.

Le virus variolique, par exemple, absorbé par les vaisseaux lymphatiques, se mêle à nos humeurs ; il les modifie, il les altère. Des frissons, des douleurs à la tête, à la poitrine, dans les reins, dans les membres ; des nausées, l'agitation du pouls annoncent une surexcitation qui ne peut être un effet sympathique de l'irritation que le virus a déterminée dans le lieu de son insertion', puisque, dans la petite vérole inoculée, cette surexcitation ne se manifeste que plusieurs jours après que la douleur locale a paru entièrement dissipée ; puisqu'elle cesse quand la peau devient le siège de l'irritation, de l'inflammation, le dépôt principal du virus morbifique ; puisqu'elle reparoît quand les boutons, en s'affaissant, annoncent la résorption du pus. Elle a pour cause un principe délétère, le virus variolique qui circule avec le sang, qui doit être soumis à de nouvelles combinaisons par les organes qu'il excite; et la puissance médicatrice dont jouissent ces organes n'a rien de plus inconcevable que les autres phénomènes de la vie, que la transformation des alimens en chile, du chile en sang, du sang en bile, en graisse, en pus, en sucre, en acides, en alcalis, en sels étrangers aux substances que nous prenons.

Si les malades affectés de la petite vérole ont été profondément affoiblis par des saignées, par des sueurs abondantes, par une diète trop sévère; s'ils se sont exposés au froid, s'ils ont éprouvé quelques sensations pénibles, si les organes digestifs ont été indiscrètement stimulés par des vomitifs ou par des purgatifs, ces circonstances s'opposent à la crise nécessaire à l'heureuse solution de la maladie; et les pustules, si elles se sont manifestées, restent plates, confluentes; le pus est âcre, et à sa résorption succèdent des dépôts, souvent des congestions purulentes au cerveau, à la poitrine ou sur d'autres viscères.

Cette effrayante altération des fluides, contre laquelle la médecine jusqu'ici a souvent été impuissante, ne préexiste point à l'inoculation naturelle ou artificielle. Elle étoit inconnue avant que la petite vérole fût importée dans nos climats, et néanmoins de funestes préjugés, plus souvent peut-être une insouciance coupable, font négliger le préservatif de l'affreuse et cruelle maladie que je signale ici, comme preuve de l'altération des humeurs, altération qui a des caractères spécifiques, et qui ne peut être méconnue dans le développement et dans la terminaison de la plupart des affections morbides.

L'atmosphère est, comme on l'a dit, un vaste laboratoire toujours en action. Des modifications importantes et très-variées se font remarquer dans les élémens qui la composent, et souvent des météores dont la présence ne peut être manifestée par nos instrumens eudiométriques, exercent une action destructive dans un champ, dans une contrée, sur quelques plantes ou sur quelques espèces d'animaux. Ces modifications déterminent les constitutions épidémiques , c'est-à-dire que les miasmes qui se développent autour de nous , que nous absorbons et qui circulent avec nos humeurs , affectent spécialement un système d'organe , de manière à produire dans le même temps , sur des personnes souvent prédisposées à des maladies essentiellement différentes , des ophthalmies , des enchifrenemens , des esquinancies , des péripneumonies , des diarrhées , des dysenteries , des douleurs athritiques , des affections cutanées ou autres maladies épidémiques.

La théorie médicale de l'atmosphère exigeroit un ensemble de faits que ne peuvent obtenir les médecins dans l'état d'isolement où ils se trouvent ; mais de nos jours d'habiles observateurs , en se livrant à la recherche des lésions organiques , ont recueilli des matériaux dont l'heureux emploi répandra tôt ou tard une vive lumière sur la théorie et sur la pratique de la médecine. Parmi ces lésions celles du cerveau méritent surtout de fixer notre attention. Il n'en est point de plus souvent méconnues , et cependant il n'en est point dont la connoissance puisse avoir, au lit des malades , une plus grande et plus salutaire influence.

Des douleurs à la tête souvent fixes et opiniâtres , l'altération du pouls , la perte de l'appétit , des frissons , des nausées , des vomissemens , des mouvemens spasmodiques et des douleurs dans les membres, dans les yeux ; l'exaltation ou la diminution des facultés intellectuelles , le délire , la stupeur , la somnolence , l'abaissement des paupières , la perte de la vue , de la parole , de l'odorat , la dureté de l'ouie , la sécheresse et l'aridité de la langue , sont les symptômes qui font pressentir ou reconnoître les affections du cerveau , spécialement celles connues sous le nom de ramollissemens. Ces lésions organiques n'ont souvent que quelques lignes d'étendue. Elles ne changent pas toujours sensiblement la couleur de la partie malade ; leur siège n'étant pas toujours le même, leurs symptômes varient, et, quoi-qu'elles aient échappé pendant long-temps aux recherches de la plupart des médecins et des anatomistes, lorsqu'on réfléchit sur l'ensemble des phénomènes morbides qu'elles présentent, on se persuade aisément que de nouvelles observations, de nou-velles expériences feront considérer les lésions du centre de l'action vitale comme la cause la plus fréquente des maladies, et spécialement de celles qui n'étant pas bien connues, ont été appelées fièvres essentielles.

Les maladies du cerveau, de la moëlle épinière, et des gan-glions du nerf trisplanchnique, ne se manifestent point par des douleurs ressenties dans ces organes. Les malades sont égale-ment insensibles à leur excision et à leur excitation par des sti-mulans capables d'en altérer la substance ; et il résulte de cette insensibilité, que leurs altérations spontanées ne peuvent être reconnues que quand les nerfs qui naissent de la partie affectée cessent d'agir convenablement, quand ils éprouvent une sorte de paralysie. Si alors les organes auxquels ces nerfs se distribuent, sont en rapports immédiats avec des agens matériels délétères ou susceptibles de le devenir, ils s'irritent, ils s'enflamment ; mais ces irritations, ces inflammations ne doivent point fixer seules l'at-tention des médecins ; et s'il est dangereux, par exemple, d'irri-ter l'estomac et les intestins, lorsqu'ils sont enflammés, il ne l'est pas moins d'affoiblir les malades, ces viscères étant surexcités par des alimens ou autres substances qu'ils auroient expulsées, ou dont ils auroient changé la nature, si les autres fonctions s'étoient exercées convenablement, s'ils avoient joui de toute la vitalité qui leur est habituelle.

Des malades ont guéri après la destruction ou l'excision de plusieurs onces de leur cerveau, et l'autopsie cadavérique a ré-cemment démontré dans ce viscère, des cicatrices, des traces d'in-flammations et d'épanchemens auxquels les malades ont survécu. Dans nos climats, presque toujours ces altérations morbides spontanées, lorsqu'elles ne sont pas promptement mortelles, lorsqu'elles n'affectent pas gravement l'origine des nerfs les plus essentiels à la vie, se terminent heureusement, quand on leur oppose l'usage raisonné des révulsifs, un régime convenable, des boissons délayantes ou apéritives, et quelquefois des amers et des antispasmodiques. Mais les rechutes dans ces maladies, sont fréquentes, les convalescences sont longues, elles exigent une exactitude, une constance que l'on ne trouve pas toujours dans les malades; et c'est sur-tout dans le traitement de ces maladies, que les médecins ont besoin d'une force de caractère d'une indépendance qui les place au-dessus du jugement des commères et des traits de l'envie.

Pour faire mieux sentir le danger de la médecine des symptômes, médecine essentiellement meurtrière, puisqu'elle détermine à saigner quand le sang s'exhale par les pores des vaisseaux affoiblis, à faire prendre des émétiques quand des vomissemens spontanés annoncent la surexcitation de l'estomac, etc., j'ai dû insister sur les causes prochaines des maladies, sur l'importance des recherches relatives aux principes qui en sont les élémens.

Ces élémens morbifiques peuvent être introduits dans le sang par la peau, par la respiration ou par toute autre voie; ils peuvent être le résultat de sueurs supprimées et résorbées, froides, altérées par le contact de l'air, d'un chile mal élaboré ou de combinaisons nouvelles et inappréciables dans nos tissus organiques: on les conçoit comme pouvant être presque aussi variés que les combinaisons des corps simples ou élémentaires: plusieurs ont des affinités particulières, électives; et si les organes sur lesquels ils peuvent avoir une influence spéciale, ne sont pas toujours sensiblement affectés, c'est que ces organes exercent une réaction suffisante pour prévenir les congestions; c'est qu'il résulte du rapport établi entre nos diverses fonctions, que l'homme qui est doué d'une ame assez forte pour n'être

pas abattu par la crainte , et qui seconde à propos l'action médicatrice de la puissance vitale , peut se soustraire à la plupart
des maux que nous avons à souffrir.

Probablement l'analyse chimique ne nous démontrera point
la nature particulière de chacun des élémens morbifiques que
je considère ici comme causes de la plupart des maladies ; mais
nous soupçonnons à peine l'existence de plusieurs des principes
qui constituent notre atmosphère, nous ne connoissons que par
leurs effets les attractions centrales , magnétiques et molécu-
laires. Plusieurs agens dont nous ne cessons de ressentir les
effets : la lumière , le calorique, les fluides électriques , galva-
niques , sont impondérables et incoercibles : d'autres corps que
long-temps nous avons considérés comme simples , sont com-
posés de substances qui elles-mêmes ne sont pas élémentaires.
Nous ignorerons toujours les causes de la plupart des phénomènes que nous observons ; et cependant les recherches qui
tendent à nous approcher du terme de nos travaux, de la connoissance de nous-mêmes et de tout ce qui nous entoure, sont
pour nous d'un grand intérêt. L'on encourage ces recherches ,
lors même que les résultats essentiellement étrangers à notre
conservation ne peuvent que foiblement ajouter à nos jouis-
sances. Pourquoi, en médecine, s'arrêter à la vue des difficultés , lorsqu'elles ne sont pas évidemment et entièrement insur-
montables?

Le sang n'est que la réunion, le mélange, le réservoir commun de nos humeurs. Toutes les sécrétions en émanent, et le
déplacement, le renouvellement des molécules qui composent
nos solides, nous donnent plusieurs fois chaque année une existence nouvelle , dont l'amélioration ou l'altération dépend de
l'état de nos fluides , de la bonne ou de la mauvaise qualité du
sang , qui , comme l'a dit un des plus grands médecins que la
France ait vu naître , Bordeu , est de la chair coulante.

En

En étudiant les effets des alimens , des remèdes , des exercices sur chaque système d'organe , nous apprendrons comment on agit spécialement sur la fibrine , sur les parties albumineuses , gélatineuses , séreuses , colorantes , salines , aromatiques ; et il résultera de la connoissance mieux approfondie des circonstances qui peuvent altérer ces substances , ou changer les rapports dans lesquels elles se trouvent , une application raisonnée de l'hygiène et de la thérapeutique à la conservation et au rétablissement de la santé.

Dans la plupart des maladies , un changement plus ou moins sensible dans le sang ou dans les fluides qui en émanent , ne peut être méconnu , et plusieurs des agens morbifiques , comme les virus dartreux , varioliques , syphilitiques , rabieux , absorbés par les vaisseaux capillaires , reproduisent toujours les mêmes accidens : pourquoi des remèdes qui circulent également avec nos humeurs , lorsqu'ils préviennent ou guérissent les lésions organiques que l'on observe après l'absorption des miasmes ou des autres principes capables de s'opposer à l'exercice de quelques-unes de nos fonctions , ne seroient-ils pas considérés comme ayant sur les causes premières de nos maladies , une action spécifique qui leur fait perdre leurs qualités nuisibles , en changeant les rapports dans lesquels se trouvent leurs élémens ? Les poisons les plus dangereux perdent leur funeste activité , lorsqu'on les soumet à de nouvelles combinaisons , ou lorsqu'on isole les substances qui les composent.

L'action des agens extérieurs et sur-tout des médicamens , n'est pas toujours nécessaire à la solution des maladies ; et quand elles se manifestent , des moyens simples , employés à propos , suffiroient presque toujours pour diriger les crises , pour prévenir des accidens graves , des congestions mortelles , si une médication raisonnée pouvoit satisfaire l'impatience des malades , si l'on n'étoit généralement persuadé que des remèdes violens peuvent seuls être efficacement opposés à des maux qui, au moment des exacérbations, même des exacérbations les plus salutaires, donnent toujours de vives inquiétudes aux personnes qui, étrangères à la médecine, ne peuvent en prévoir les résultats.

C'est pour l'ordinaire pendant ces crises, que les remèdes, dont l'utilité est consacrée par l'opinion du jour, par la mode, sont sollicités et administrés; et si, par exemple, un malade survit à l'application de 60 ou de 80 sangsues, quelques accidens qu'il éprouve, on l'a sauvé, c'est un miracle !.... S'il périt, sa mort ne peut surprendre. Lorsqu'on hasarde de telles prescriptions, elle est toujours annoncée comme inévitable, si ses coups ne sont retenus par une médication active, par des remèdes *héroïques*. Elle ajoute à la réputation de celui qui l'a prévue, lors même qu'il l'a déterminée, quand l'autopsie cadavérique fait reconnoître une congestion sanguine, quand le sang, dont on a provoqué la dissolution, s'exhale par les pores des capillaires relâchés et devenus variqueux; quand, pour justifier son impéritie, celui qui a dirigé le traitement, ose assurer qu'il a bien vu la maladie, que vingt autres sangsues eussent prévenu ces accidens, qu'il les avoit jugées nécessaires, et que le succès eût été complet, si l'on eût consenti à leur application.

Combien de réputations d'expérience et d'habileté sont dues à de pareils oracles, propagés par le son funèbre! mais le triomphe de l'erreur ne sera point éternel, les victimes seront comptées, le voile tombera......... L'utilité des remèdes sera mieux appréciée, et des mots qui n'expliquent rien, qui ne présentent que de fausses indications curatives, qui s'opposent aux progrès ultérieurs de la science, seront tôt ou tard bannis du langage des médecins. Tous alors étudieront avec soin le mode de lésion que les organes éprouvent, ils en rechercheront les causes, ils observeront les circonstances qui favorisent l'heureuse solution des maladies; et reconnoissant dans la puis-

sance vitale une action médicatrice , ils s'abstiendront des remèdes qui peuvent s'opposer à son influence salutaire. Ils n'ou-
blieront point que de nos jours , le nombre des décès a été
généralement moindre dans les communes où il ne se trouve
point d'officiers de santé , que dans celles où leur présence rend
facile et commun l'usage des évacuans (4).

Jusqu'ici les sciences comme les astres ont eu leurs phases.
La lumière qu'elles répandent n'est point toujours également
pure , et , dans les départemens , comme à Paris , personne ne
veut paroître suranné. En moins d'un demi-siècle , nous avons
vu plusieurs fois des doctrines repoussées par le raisonnement
et par l'expérience , trouver de nouveaux apôtres , quand , après
quelques lustres , leurs victimes ont été oubliées ; nous avons
vu des médecins , même des plus érudits , de ceux dont la
plume féconde enfante des volumes pour traiter quelques points
de doctrine qui pourroient être éclaircis en quelques pages ,
se livrer à leur imagination , voir sur les cadavres ce qu'ils
vouloient y voir , et , au lit des malades , tomber dans un écueil
en évitant celui qu'ils redoutoient. Cependant les têtes ordinaires s'échauffent et s'aliènent encore , en considérant des propositions nouvelles ou présentées sous un nouveau jour. La
raison se tait ou ne peut se faire entendre. On prodigue aujourd'hui les sangsues , hier on purgeoit avec excès , et demain
on abusera des purgatifs , si le vent souffle d'une autre partie.

Lorsqu'on voit ainsi les systèmes d'un jour renverser ceux
de la veille , et ceux-ci reparoître le lendemain avec un nouvel éclat ; lorsqu'on a vu des médecins dont toutes les actions
attestoient la moralité , dont la vie entière étoit consacrée à
l'étude et au soulagement des malades , combattre ces systèmes ;
comment des hommes , même des hommes instruits , et dont
l'existence ne cesse d'être menacée , peuvent-ils ne pas se dire :
Rien n'est plus aisé que de diminuer l'action vitale , et par
conséquent les douleurs , lorsqu'on ne craint pas de détermi-

ner, par des évacuations sanguines abondantes, une déplétion considérable ; les médecins qui osent combattre nos opinions, ou plutôt nos préjugés, sur une science que nous n'avons point étudiée, ne peuvent ignorer que toujours les malades sont impatiens de souffrir, et que les plaintes ne s'élèvent pas des tombeaux : presque tous, lorsqu'ils ont commencé l'exercice de la médecine, suivoient la pratique vulgaire, et s'ils s'exposent aujourd'hui à nos reproches, en nous refusant des remèdes qui leur assureroient de brillans témoignages de notre reconnoissance, c'est que profondément affectés de la perte de leurs malades, ils ont écouté l'expérience, c'est qu'ils sont retenus par un sentiment de probité, c'est qu'ils s'oublient eux-mêmes.

Ils s'oublient, oui ! Toujours on les a vus se féliciter de pouvoir offrir aux malheureux des secours et des consolations. Dans les grandes calamités, ils n'ont pas craint de respirer les élémens contagieux des maladies, de la peste, de la fièvre jaune....... Pour le salut de leurs concitoyens, ils ont recherché, même au sein des morts, les causes et la nature de ces maladies, et quelles que soient les pensées et le jugement des hommes, sur les soins qu'ils donnent aux malades, quelque pressantes que soient les sollicitations de ces derniers, ils leur refusent, ils leur refuseront des remèdes dangereux, ils ne deviendront point leurs bourreaux.

Pour prouver que la science qu'ils professent n'est point purement conjecturale, et que l'on peut avec un jugement sain, un esprit observateur, tirer de justes conséquences, et faire d'utiles applications des données qui nous sont acquises, n'est-ce pas assez qu'ils puissent dire : Presque toutes les maladies, pendant leurs premières périodes, ne sont que des indispositions : elles deviennent des crises salutaires, lorsque l'action des organes est secondée ou convenablement dirigée ; leur terminaison qui est prompte ou tardive, heureuse ou malheureuse, dépend des habitudes des malades, des remèdes qu'ils prennent et du régime qu'ils observent : plusieurs de celles qui long-temps furent considérées comme incurables , cèdent à nos soins , et une médication toujours utile ne tarderoit pas à être adoptée , si nos institutions tendoient à éclairer la confiance des malades , si l'on comptoit , si l'on encourageoit les succès , si l'on consultoit les registres civils.

Dans chaque commune , ces témoins irrécusables pourroient attester combien ont été nuisibles les préventions successivement favorables aux saignées , aux vomitifs , aux purgatifs , et depuis quelques années , aux sangsues.

L'application des sangsues est presque toujours suivie d'un calme bien propre à inspirer la confiance , et lors même que l'on n'a point oublié les malheureux effets des saignées ordinaires , on résiste rarement à l'opinion qui , aujourd'hui , prévient, en faveur des saignées locales. Cependant , toutes enlèvent au sang une grande proportion de fibrine , d'albumine et de gélatine , principes essentiels à la réparation des pertes que nous ne cessons de faire ; elles lui enlèvent les parties colorantes et aromatiques qui , en excitant le système capillaire , déterminent les sécrétions et évacuations nécessaires à la conservation de la vie et au rétablissement de la santé : elles disposent à la phléthore lymphatique , à la suppression et à la résorption des sueurs qu'une grande foiblesse rend partielles , froides , colliquatives. Elles disposent à l'absorption des virus contagieux , des miasmes délétères , à la suppuration , à la gangrène , à la dissolution du sang ; et ce fluide , qui est en quelque sorte la vie , s'écoule malgré nos soins et ne s'arrête souvent qu'à la mort , après l'application des sangsues, dans les maladies avec disposition putride.

Ces insectes , placés sur la peau du ventre , de la poitrine ou de la tête , ne dégorgent point spécialement les viscères que ces capacités renferment , et non seulement ils ne préviennent pas une nouvelle congestion , mais à la déplétion qu'ils déterminent succède une plus grande affluence de sang vers la partie sur laquelle on les applique. C'est parce qu'ils jouissent de cette propriété dérivative, que dans les gastro-entérites, le soulagement qu'ils procurent est moins durable quand on les place au siège, que quand, fixés sur la région épigastrique, ils tirent du sang des vaisseaux mammaires. L'expérience a également appris que, placés sur les extrémités inférieures, ils sont dangereux dans la grossesse, tandis qu'à d'autres époques, lorsqu'aucun organe n'est profondément altéré ou affoibli, leur application peut rappeler la congestion nécessaire aux crises que la nature répète quelquefois périodiquement par les vaisseaux hémorroïdaux et utérins.

Les saignées et les sangsues, ainsi que les vomitifs et les purgatifs peuvent pallier et même faire disparoître les catarrhes articulaires, la goutte, le rhumatisme, les dartres, les érysipèles, la galle, et les dépôts purulens ou lymphatiques qui ont leur siège dans les membres, dans les tissus éloignés des principaux viscères; mais déplacer une congestion morbide, ce n'est pas guérir. Les fluides altérés ne sont transmis au dehors ou assimilés à nos autres humeurs, qu'après qu'ils ont éprouvé une élaboration qui leur fait perdre au moins en partie, leurs propriétés délétères, et dans l'état aigu des inflammations, la circulation est suspendue dans le système capillaire de la partie affectée : ils ne peuvent donc être enlevés par les évacuans. Déterminer leur résorption, par des débilitans ou par des révulsifs pris à l'intérieur, c'est les faire circuler avec le sang, c'est altérer la masse de nos fluides qui, quand les forces sont profondément affoiblies, ne tardent pas à former de nouvelles congestions. Alors les organes qui importent le plus à notre existence, le cerveau, le poumon, le canal alimentaire, le foie, sont spécialement affectés, parce qu'ils sont les moins éloignés du centre de la circulation, parce que leur tissu naturellement foible exerce une réaction insuffisante sur les fluides qui les engorgent.

La sensibilité habituelle de ces organes étant nulle ou presque nulle, le malade qui éprouve des douleurs moins aiguës après l'usage d'un remède qu'il désiroit, se flatte d'une guérison prochaine, et quand de nouveaux accidens menacent son existence, il se persuade aisément qu'ils sont étrangers à ceux qu'il croit combattre avec succès. Souvent alors il appelle sur lui de nouveaux coups, parce qu'il ignore que le stimulant morbifique, comparé à une épine, à un aiguillon par Wic-d'Azir, étant résorbé, peut exercer sur une autre partie sa pernicieuse influence ; il ignore que le sang, lorsqu'il est privé des principes qui le vivifient, n'excite point assez l'action des solides, et que si la mort n'est pas la conséquence inévitable des métastases qui succèdent à l'emploi des remèdes qui, comme les saignées et les évacuans du canal alimentaire, tendent à déplacer les irritations dont le siège est loin des organes importans à notre conservation, c'est qu'on ne les prescrit ordinairement qu'aux personnes qui ne sont pas très-gravement affectées, et qui vivant à l'aise ou dans les hôpitaux, reçoivent des soins assidus, et observent un régime propre à réparer, autant qu'il est possible, les effets d'une médication perturbatrice.

Les ouvertures ou pores que présentent les vaisseaux capillaires sont les organes des sécrétions. Dans la santé, ils séparent du sang, selon le mode d'excitabilité qui leur est propre, la salive, la bile, l'urine... Mais lorsqu'ils cessent d'être remplis, ceux de ces pores qui doivent exhaler les transpirations pulmonaires et cutanées, absorbent les miasmes, les fluides plus ou moins altérés avec lesquels ils se trouvent en contact. Les évacuations abondantes sont donc dangereuses : souvent elles sont funestes ; et elles le sont sur-tout pendant les maladies épidémiques. Même aujourd'hui l'on reconnoît qu'il ne faut point y recourir, quand ces maladies sont déjà avancées, et quand, dès le déb ut, elles se manifestent avec des caractères graves, une grande prostration des forces, une disposition imminente à la putridité, à la gangrène, enfin à la désorga-nisation de quelques viscères essentiels. Des boissons apé-ritives, délayantes, amères, camphrées, des révulsifs, sont alors les moyens indiqués par tous les médecins que l'esprit de système n'a pas rendus sourds et aveugles, et, dans nos climats, cette médication convenablement dirigée, termine presque tou-jours heureusement les fièvres, les typhus, lors même qu'ils sont évidemment compliqués de péripneumonies ou autres inflammations viscérales.

Mais si dans ces circonstances difficiles, on peut guérir sans évacuations, comment ose-t-on conseiller aux malades qui sont les moins gravement affectés, et qui souvent n'éprouvent qu'une vive inquiétude, des remèdes dont l'usage dispose tou-jours à la contagion, semble annoncer un danger réel et dé-truit les forces digestives, lorsqu'il est reconnu que les personnes qui prennent de bonnes nourritures, en quantité convenable, et qui se livrent avec modération à tous les plaisirs, à tous les exercices agréables, vivent impunément au milieu des épi-démies les plus cruelles? Sans doute de tels conseils sont im-prudens, et j'ose dire qu'ils sont répréhensibles; même en re-connoissant que ne pas suivre les impulsions qui deviennent populaires, ce seroit, pour la plupart des médecins, renon-cer à la confiance des malades, à l'exercice de la médecine, et assurer ainsi le triomphe des plus vils médicastres.

Pour dévoiler l'ignorance ou la mauvaise foi de ces derniers, pour éclairer l'opinion, il falloit des victimes : le sang a coulé, ouvrons les registres.

Le gouvernement a fait faire pour les années 9, 10, 11 et 12, des tableaux, d'où il résulte qu'en l'an 12, la mortalité, dans plusieurs cantons de l'arrondissement, fut sensiblement augmentée. L'épidémie qui régnoit alors, que j'ai décrite, et pendant laquelle je me prononçai avec force contre l'abus des saignées et des évacuans du canal alimentaire, désola les communes dans lesquelles ces remèdes furent généralement employés. Pendant les trois années précédentes, le nombre des décès dans l'arrondissement, dont la population étoit 96,173, fut, année commune, 2,451 = 1 sur 39. Les recherches nécrologiques ont été négligées de l'an 12 à 1813. Le nombre moyen des morts a été en 1813 et 1814, de 2,401 = 1 sur 41 ; la population s'étant élevée à 98,106.

La dysenterie, pendant les années 1815, 16 et 17, fut très-répandue dans l'arrondissement. Elle doubla le nombre des décès annuels dans les communes où elle fut traitée par les évacuans (5), et c'est à cette époque que le systême favorable aux sangsues est devenu populaire. La mortalité moyenne fut 2948 = 1 sur 33.

Aucune maladie n'a augmenté d'une manière remarquable, le nombre des décès de l'arrondissement en 1818, 19 et 20, et cependant il a été, année commune, de 2720 = 1 sur 36.

Pendant les années 8, 9 et 10, j'habitois Pleurtuit et je voyois presque tous les malades de Plouër. Ces communes se touchent. Le nombre des décès fut à Pleurtuit, pendant ces trois années, 317 ou 105 par an. Il a été en 1818, — 129, en 1819 et 20 — 317 = 158 par an.

Pendant les 3 années 8, 9 et 10, il périt à Plouër 173 personnes = 57 par an. Le nombre des décès en 1818 fut 88. La petite vérole, à laquelle l'administration opposa mes consultations qu'elle fit imprimer, y régnoit épidémiquement, et me détermina plusieurs fois à m'y rendre. Sans que l'on y ait observé aucune maladie épidémique, le nombre des décès a été en 1819 = 116, en 1820 = 86., tandis qu'il ne fut que 74 en l'an 12, quoiqu'une épidémie affreuse et qui enleva un treizième de la population de Dinan, fût très-répandue à Plouër, que j'habitois alors. Quatre officiers de santé m'y ont succédé et y résident ; mais je dois faire remarquer que celui qui, pendant que j'étois à Plouër et à Pleurtuit, exécutoit mes consultations, et qui depuis s'est conformé à mes avis, a été constamment malade en 1819.

La mortalité que j'avois vue réduite à Dinan, pendant douze années, toutes choses égales, de plus d'un tiers, quoique trois fois la dysenterie y eût régné épidémiquement, a été en 1818 et 19, année commune, 273, c'est-à-dire, à peu près ce qu'elle étoit avant que je publiasse mes premières observations contre l'abus des évacuans.

En décembre 1819, je fondai un dispensaire pour les malades qui se trouvent dans l'indigence. Je n'ai négligé ni les soins ni les sacrifices que j'ai considérés comme propres à démontrer l'utilité de la médecine physiologique, et je me flattois que bientôt les résultats seroient assez décisifs pour porter la conviction, même dans les esprits prévenus. Mes espérances n'ayant point été entièrement justifiées, (les décès ont été, en 1820 == 225, et en 1821 == 208.) Je vais citer un fait que j'avois cru pouvoir négliger jusqu'ici, quoique convaincu qu'il seroit difficile ou plutôt impossible aux détracteurs de la doctrine médicale que je me suis plu à répandre, de m'en opposer d'aussi remarquables, parmi ceux dont l'authenticité ne peut être contestée.

J'ai traité dans l'école ecclésiastique de Dinan, des dysenteries, des esquinancies, des péripneumonies, des hémoptysies, des fièvres dites catarrhâles, inflammatoires, bilieuses, adynamiques, ataxiques, intermittentes, rémittentes, des typhus, etc. Plusieurs cents malades dont je n'ai fait saigner qu'un, y ont reçu mes soins, et c'est au plus si, j'y ai prescrit quatre-vingt sangsues, deux vomitifs, dix purgatifs.

Personne n'a succombé dans cet établissement. Personne ne l'a quitté sans être guéri ou dans un état de convalescence très-avancée. Il existe depuis quinze ans, et sa population représente pour une année, une réunion de plus de 1500 hommes, parmi lesquels on compte des vieillards retirés comme ne pouvant plus exercer les fonctions curiales, et plusieurs autres ecclésiastiques qui, étant malades, se sont rendus successivement dans cette maison pour y recevoir mes soins (6).

La doctrine que je viens d'exposer, et qui a pour appui la seule expérience qui ne puisse être récusée, celle qui résulte de l'observation du nécrologe, n'exclut aucun des moyens curatifs que l'on a employés jusqu'ici ; mais lorsqu'elle sera généralement adoptée, l'on n'oubliera point que l'engorgement variqueux des vaisseaux, que les échimoses, les plaques rouges et autres exhalations ou congestions sanguines que l'on observe à l'ouverture des cadavres, après des saignées abondantes, dans le scorbut, dans plusieurs affections éruptives, loin d'annoncer un état inflammatoire, prouvent l'inertie du système vasculaire et le défaut de cohésion des fluides. L'on reconnoîtra que les lésions organiques ne sont point l'effet d'une pléthore générale avec excès de forces, et qu'augmenter la foiblesse, c'est augmenter la disposition aux maladies, aux congestions et aux inflammations viscérales ; c'est conduire rapidement au tombeau les malades qui sont exposés à des privations, qui se livrent à des habitudes dangereuses, ou dont quelques organes essentiels, mais sur-tout le poumon, sont foibles ou déjà affectés.

L'auteur de l'Examen des doctrines médicales n'a point oublié ces dernières considérations. C'est par un de ses amis, c'est à sa sollicitation que la notice dont j'ai tiré l'épigraphe de cette lettre a été rédigée. Né dans le même temps et sous le même ciel que ce professeur célèbre, je me plairai toujours à rendre hommage à ses travaux utiles. Il a propagé et développé plusieurs observations, plusieurs pensées que trop souvent on oublie au lit des malades, sur l'abus des évacuans du canal alimentaire, sur l'utilité des révulsifs, sur l'inégale répartition des forces vitales, sur les exhalations sanguines, sur le danger de la médecine symptomatique, sur l'importance des recherches relatives aux lésions organiques dans les maladies dites essentielles. Il a reconnu que plus on étoit foible, plus les inflammations étoient fréquentes et dangereuses. Il a dit : Aphorisme 1er. *La vie ne s'entretient que par les stimulans*, et je n'en doute pas, il donnera de nouveaux développemens à ses autres pensées, lorsqu'il saura combien les fausses applications de sa thérapeutique ont été funestes. Il appesantira sa férule sur des disciples assez dépourvus d'expérience et de raison, pour dire qu'il a posé sur de nouvelles bases une science fondée sur trente siècles d'observations, pour penser que toutes les maladies dans lesquelles on observe des épanchemens ou des congestions, doivent être considérées comme des surexcitations, comme des inflammations, et que, sans égard à leur cause, à leur durée et à la constitution des malades, l'indication importante et presque toujours unique, est de saigner, prescrire des sangsues, des boissons mucilagineuses, une diète sévère, et, si la maladie s'aggrave — encore des sangsues.

Les malades ainsi traités se rendent à leur dernière demeure par la voie la plus douce, par la foiblesse; et la plupart satisfaits du calme qu'ils éprouvent, sourient, même en expirant, à la main dont ils reçoivent les coups; mais une dépopulation effrayante ne tardera pas à être observée, si cette étrange doctrine, à laquelle, par un abus de mots qui n'est pas moins étrange, on a appliqué le nom de médecine physiologique, est généralement adoptée (7).

Un officier de santé ne peut être long-temps sourd à la voix de l'expérience, s'il n'est pas étranger à l'étude des sciences médicales, s'il voit sans prévention, s'il oublie ses propres intérêts, s'il médite les résultats de sa pratique et s'il les compare à ceux qu'obtiennent les médecins vraiment physiologistes; mais il n'en est point ainsi des malades. Ceux-ci ne réunissent jamais qu'un petit nombre d'observations. Presque tous ignorent même les premiers élémens de la physiologie, et la plupart des hommes se laissent surprendre par ceux qui en prononçant d'une voix forte sur toutes les difficultés, montrent l'enthousiasme qu'inspire la conviction ; qui fixent les regards de la multitude par des prescriptions remarquables et toujours en harmonie avec les opinions dominantes ; enfin qui font oublier leurs victimes, en présentant à l'admiration publique et comme des témoins vivans de leurs triomphes sur la mort, des valétudinaires ou plutôt des squélettes à peine couverts d'une peau livide ou infiltrée.

Il faut donc, et je ne crains pas de me répéter, il faut des faits authentiques. Presque toutes les observations particulières ont été recueillies et rédigées pour servir d'appui à des idées préconçues, à des théories que ne justifie point une expérience raisonnée. On ne cite que les succès, tandis qu'il faudroit comparer le nombre des morts à celui des guéris, étudier le nécrologe sous l'influence de telle et telle médication : alors et seulement alors on connoîtroit les vrais médecins.

Les registres de l'état civil prouvent que, dans les communes, la mortalité est généralement en proportion de l'usage que l'on y fait des saignées, des sangsues et des évacuans du canal alimentaire ; et si un médecin, le Dr Vordoni, profondément affecté de la funeste influence qu'une médication inconsidérée exerce sur la population, a osé dire, il y a douze ans : « On ne peut voir sans horreur que les législateurs qui sont entrés dans les détails les plus minutieux, pour établir les limites d'un champ, pour assurer l'exécution de la plus petite clause d'un contrat, n'aient pris que quelques dispositions vagues, inutiles ou inexécutables pour la responsabilité de ceux qui tiennent dans leurs mains notre propre existence...... » ; aujourd'hui, lorsqu'il est reconnu que les médecins, fussent-ils armés de la massue d'Hercule, ne pourroient, sans le secours du gouvernement, écraser le monstre qui nous dévore, le charlata-

nisme ; lorsqu'il peut être en quelque sorte démontré mathéma-
tiquement que l'abus des remèdes a été plus funeste que les guerres
les plus cruelles ; lorsque , près de nous , une maladie affreuse ,
la fièvre jaune, a récemment exercé ses ravages et n'a guère
compté que des victimes, que doit-on penser ?

La fièvre jaune, observée d'abord dans les pays chauds , a
été , comme la petite vérole , importée en Europe. Elle est restée
endémique dans les cantons où elle s'est propagée, et bientôt nos
contrées n'offriroient que des sépulcres, si elle s'y manifestoit, et
si , pour anéantir les forces vitales , les constitutions atmosphé-
riques concouroient avec les doctrines médicales qui s'y trouvent
répandues. Espérons que des mesures sanitaires convenablement
exécutées , suspendront les coups de cette cruelle maladie ;
mais peuvent-elles nous en préserver ? Et si elles nous en pré-
servoient , qu'aurions-nous à redouter d'une bonne administration médicale ? On me l'a dit souvent : un excès de population.

A cette objection , que ne fera point un père à la vue
de son fils succombant à une mort prématurée , après une
médication perturbatrice, j'ai déjà répondu que des greniers
d'abondance et des encouragemens donnés à l'industrie ma-
nufacturière et à la culture du sol que nous habitons, assureroient à une population plus que double , une existence
moins précaire qu'elle ne l'est aujourd'hui (8). La France
puissante et riche ne verroit point alors des nations voisines
opposer d'injustes entraves à ses relations extérieures ; et si
un jour sa population, composée d'hommes auxquels des
médecins dignes de leur confiance , auroient appris que le
travail, la sobriété et la pratique des vertus sociales peuvent
seuls assurer une existence longue et heureuse ; si , dis-je , sa
population devenoit réellement excessive , il est pour mettre
des bornes à son accroissement, des moyens que j'ai exposés
et que la raison et l'humanité avouent.

La politique comme la morale réclament donc des institu—
tions propres à concilier la réputation, l'honneur et la fortune
des médecins avec les intérêts des malades, à éclairer la confiance de ces derniers, à réunir de cœur et d'opinion des
hommes qu'une science divine appelle à prolonger l'existence
de leurs semblables, et à fortifier leurs constitutions, en em-
ployant les moyens les plus propres à rétablir directement les
fonctions altérées. Les vrais adeptes, les médecins physiologistes, ne tarderoient pas, sous ces institutions, à être assez
nombreux pour ne rechercher le patronage d'aucune secte,
pour avouer qu'ils ne sont ni humoristes, ni solidistes, ni
Browniens, ni ..... ; qu'ils jugent toutes les sectes sans égard
aux déclamations des enthousiastes et des esprits faux.

« Stalh, suivant la remarque judicieuse de M. Pinel
« Stalh, en avançant dans la maturité de l'âge et de l'expérience, a de plus en plus restreint l'usage des médicamens, à
mesure qu'il étudioit avec plus de profondeur la branche des
maladies aiguës » ; et ce n'est pas sans raison qu'un autre
professeur de la même école, le D.ʳ Hallé, a dit : « La nature
travaille ; on la trouble souvent, sous prétexte de l'aider ».

Dignes et savans ministres d'une science créée pour le
bonheur des hommes, vous tous qui avez connu la source la
plus féconde des maux et des infirmités que nous avons à
souffrir, opposez aux sourdes menées de l'ignorance et du
charlatanisme, vos succès, vos vertus, votre autorité. Si
arrêter le bras d'un assassin est un devoir, si ne pas retenir un
malheureux qui se précipite est un crime ; est-on innocent,
lorsque, sans l'avertir, on voit un parent, un ami, un voisin,
un homme entraîné par des promesses fallacieuses, séduit par
de trompeuses apparences, rechercher des remèdes qui doivent
déterminer ou au moins accélérer sa mort ? Et vous qui êtes
appelés par le Souverain, à réaliser les espérances que son
retour a fait concevoir, vous dont les voix peuvent s'élever

jusqu'au trône, évoquez les ombres des victimes ! Un prince qui nous aime en père, ne les verra point sans être ému. Notre belle patrie connoîtra une nouvelle ère, et cette ère sera marquée par la sagesse de nos institutions, par le bonheur et la longévité des Français.

---

(1) Essai sur l'hémoptysie essentielle, présenté et soutenu à l'école de médecine de Paris.

(2) Lettre à M. Egault, officier du génie, sur l'épidémie observée en l'an 12, à Dinan, et dans les campagnes voisines.

(3) Journal général de médecine, 8 octobre 1819, page 18, et septembre 1821, page 318.

(4) Recherches sur l'influence que les évacuans exercent sur la population. 1816. Observations qui prouvent que l'abus des remèdes, sur-tout de la saignée et des évacuans du canal alimentaire, est la cause la plus puissante de notre mort prématurée, des maux et des infirmités qui la précèdent. 1812.

(5) Nouvelle instruction sur les causes et le traitement de la dysenterie. 1815.

L'utilité de la médecine démontrée par des faits, ou nouveau recueil de rapports officiels et autres observations également authentiques, qui prouvent que la mortalité en France, pourroit être considérablement réduite, et qu'elle le seroit probablement de plus d'un tiers, si, par de bonnes institutions, le gouvernement secondoit l'heureuse impulsion que la pratique des sciences médicales a reçue de nos jours. 1818.

TABLE analytique de ce dernier mémoire.

Une nombreuse population est nécessaire en France. — De la mort prématurée. — De la vieillesse. — L'expérience éclairée par la physiologie, ne peut être trompeuse, lorsqu'elle est confirmée par le nécrologe. — La médecine symptomatique est aussi dangereuse que séduisante.

La doctrine médicale, énoncée dans les différens écrits de

l'auteur , est conforme à celle des médecins les plus justement célèbres et des sociétés savantes. — Extraits du journal général de médecine , de la gazette de santé , du moniteur , du journal de la société de médecine pratique , du journal universel des sciences médicales , du journal des Côtes-du Nord. — La mortalité est diminuée , toutes choses égales , de plus d'un tiers à Dinan , depuis 12 ans , tandis qu'elle est augmentée d'un cinquième dans les autres parties de l'arrondissement et dans une proportion presque égale dans les villes voisines. — Extraits des registres de l'état civil.

Le préjugé favorable aux remèdes très - actifs est tellement répandu , que dans l'arrondissement la mortalité annuelle est dans les communes habitées par des officiers de santé , d'un septième plus considérable que dans les autres. — Bientôt les ministres que la médecine peut avouer , n'offriront qu'une barrière impuissante aux charlatans titrés. — En imposant la pratique des médecins , on impose les malades. On frappe ces derniers au moment où presque tous auroient besoin des secours publics.

De la contagion. — Observations sur le développement de la dysenterie. — Réflexions sur les principes délétères qui déterminent les maladies épidémiques.

Funeste conséquence du fatalisme pendant les épidémies.

La fièvre est toujours symptomatique.

De l'action des vomitifs sur les diverses parties du canal alimentaire, sur les matières stercorales , sur les vers , sur la bile , sur la transpiration. — Accidens qu'ils déterminent. — Des tisannes appropriées à la dysenterie. — Des lavemens. — Des purgatifs. — Des aromates. — Des toniques. — Des vésicatoires. — De l'opium. — De l'éther. — De la dysenterie chronique. — Utilité des applications révulsives. — De la chaleur. — Des topiques émolliens. — Indications que les vomitifs et les purgatifs peuvent remplir. — En 1815 , il ne périt , à Dinan , que cinq dysentériques adolescens ou adultes , qui tous avoient été émétisés. — Des préceptes , quoiqu'ils soient appuyés par des noms célèbres , ne doivent pas en imposer , lorsqu'ils sont en opposition avec le raisonnement éclairé par la physiologie , et avec l'expérience confirmée par la statistique.

L'exhalation capillaire est la cause la plus fréquente des hémorrhagies. — Cette proposition reproduite comme nouvelle , a été soutenue publiquement par l'auteur en l'an 7. — Indications à remplir, lorsqu'on ignore le mode de lésion qu'éprouve l'organe affecté. — Des doctrines médicales fondées sur des hypothèses et de la classification systématique des maladies.

En 1815, dans les communes où la méthode physiologique a été opposée à la dysenterie, la mortalité proportionnelle a été moindre de plus des deux tiers que dans celles où des évacuans ont été généralement prescrits.

Lettre à M. le Préfet et rapports relatifs à l'épidémie de 1816.

Rapides et effrayans progrès de la dysenterie en 1817. — Le charlatanisme se promet de nouveaux triomphes. — Avis aux habitans des communes dans lesquelles la dysenterie s'est manifestée. — Lettre à M. le préfet. — Dans toutes les communes, la dysenterie cède promptement à l'administration raisonnée des secours publics. — En peu de jours, 6 malades dont 5 émétisés ou purgés, étoient morts à Tréméreuc. Bientôt le quart de la population, qui est de 436 ames, eut la dysenterie et guérit, excepté cinq, tous enfans, infirmes ou purgés. — A Trigavou, 9 dysentériques étoient morts émétisés, et il n'en restoit que 20 le 30 septembre. Pendant les 25 jours suivans, on n'y a compté que 7 décès, quoique 115 dysentériques aient eu besoin de secours. — Conclusion.

(6) Je soussigné, certifie que dans l'établissement que j'ai formé, que je dirige depuis environ 15 ans, et dont la population s'élève aujourd'hui à 115 personnes, je dois aux soins et à la prudence éclairée de M. Bigeon, docteur médecin dans notre ville, que j'appelai dès cette époque, la consolation de n'y avoir vu mourir personne, soit parmi les pensionnaires, soit parmi ceux qui y sont venus pour y rétablir leur santé. Aucun malade n'est sorti dans un état inquiétant, et presque toutes les maladies se sont heureusement terminées en peu de jours.

Des succès presque aussi remarquables, ont été le résultat des soins que ce médecin généreux donne dans ma paroisse aux malades indigens.　　　A Dinan, ce 4 avril 1822.

BERTIER , Curé de Saint-Malo ,
Supérieur du séminaire.

Nous, Maire de Dinan, certifions que la signature de M. Bertier, est véritable, et certifions l'exactitude des faits contenus.

DENIAU, Maire.

. Ainsi on n'a compté aucun décès dans un établissement qui représente une population, pendant une année, de plus de 1,500 personnes d'âges très-différens, de constitutions très-variées, et dont
la plupart des maladies ont été dues à des courses fatiguantes, à
des sueurs supprimées, à des coups, à des chutes. Tous les frais
de traitement n'ont pas excédé 100 francs par an $=$ 1 franc par
individu.

Nos militaires sont presque tous bien constitués et dans l'âge où
l'on peut se promettre une longue existence. Aussitôt qu'ils sont
indisposés, ils reçoivent les secours de la médecine. Très-peu ont
à la fois le goût et les moyens de se livrer à des excès. Depuis
plusieurs années, leurs exercices, ainsi que leur régime, sont
très-favorables à la longévité, et cependant des régimens de 1,500
hommes en perdent, par an, de 30 à 60.

Les faits que j'ai recueillis dans ma pratique civile et lorsque
j'étois attaché aux hôpitaux militaires, m'ont convaincu que cette
mortalité vraiment remarquable, seroit réduite de plus de moitié
et probablement de plus des trois quarts, si l'on appliquoit au moins
à nos défenseurs, les pensées que j'ai émises dans mes Réflexions
*sur l'importance des services que la médecine rendroit à la société, si
l'on faisoit dépendre de leurs succès réels, l'honneur et la fortune des
médecins.* 1812.

L'état des militaires qui ont succombé depuis que la guerre est
terminée, feroit connoître la mortalité ordinaire, et en supposant une
diminution annuelle de mille décès, l'indemnité due aux médecins seroit, d'après les bases que j'ai proposées, de cent mille francs;
mais les frais de traitement seroient moindres de plus de moitié de
ce qu'ils sont aujourd'hui, 6,237,659 francs pour les hôpitaux, $=$ 40
francs par homme attaché aux armées. Il y auroit donc pour le trésor
une grande économie, et le gouvernement prouveroit l'intérêt que
lui inspirent des François qui ont d'autant plus de droits à sa sollicitude, qu'ils ont été enlevés à leurs habitudes et à leurs familles.

Le succès seroit certain; des hommes pleins de sang et de vie
attesteroient sous nos drapeaux la sagesse de nos institutions sanitaires; nos hôpitaux cesseroient d'être remplis de jeunes gens valétudinaires, phthisiques, et qui, après avoir traîné une existence
aussi pénible pour eux qu'elle est à charge à l'état, périssent dans

les établissemens publics ou dans leurs foyers : le succès, dis-je, seroit certain, si le médecin inspecteur, auquel il ne seroit rien dû si la mortalité n'étoit pas diminuée, et qui ne recevroit pour ses peines, pour ses frais de bureau et de tournée, que les remises dont j'ai parlé, offroit à ses collègues une partie de ces remises, proportionnée à leur zèle et à leurs succès, et provoquoit le remplacement de ceux dont la pratique malheureuse prouveroit qu'ils ne justifient point la confiance du gouvernement.

(7) Le nombre des naissances, à Dinan, n'a été en 1821 que de 202, et il résulte des états qui m'ont été remis à la Sous-Préfecture, que dans l'arrondissement de Dinan, il est né en 1815 — 3,475 enfans, en 1816 — 3,353, en 1817 — 3,110, en 1818 — 3,263, en 1819 — 3,225, en 1820 — 2,933. Différence en moins de 1815, comparé à 1820 = 542 ou un sixième.

Ces états m'ayant fait reconnoître que depuis 1814, les naissances ont excédé les décès de 2,354, j'ai recherché quelle est la population actuelle de l'arrondissement, et je la trouve portée à 106,604 ames. Les tableaux qui me furent communiqués en 1815, étoient donc inexacts. La population devoit être alors 104,250, ce qui établit dans la proportion des morts aux vivans une différence que je dois rectifier ici, la page 25 étant imprimée. Les décès ont été en 1813 et 14 = 1 sur 43. Pendant les épidémies dysentériques, en 1815, 16 et 17 = 1 sur 35, en 1818, 19 et 20 = 1 sur 39.

Dans les deux cantons de Dinan, les vomitifs et les purgatifs ne trouvent plus que de foibles défenseurs ; de funestes essais ont éclairé quelques observateurs sur le danger des évacuations sanguines, et les malades indigens ont été, en 1821, plus généralement secourus qu'ils ne l'étoient autrefois. Le nombre des décès s'y trouve réduit à 1 sur 41 ; mais dans les 7 autres cantons de l'arrondissement, dont la mortalité étoit ordinairement beaucoup moindre que dans ceux de Dinan, elle est encore 1 sur 39.

Aucune maladie épidémique n'a déterminé ce changement dans le rapport des décès. Il prouve que l'expérience pourroit être écoutée, mais que la plupart des hommes ne savent point que la médecine physiologique est essentiellement opposée à la pratique la plus généralement suivie, à la médecine symptomatique, à cet aphorisme *quò natura vergit, eò ducere oportet*. Hippocrate, comme je l'ai fait remarquer dans une lettre sur l'épidémie de l'an 12 , a dit : Evacuez par les voies convenables ; mais il savoit, et tous les médecins phy-siologistes savent que la maladie est un état contre nature , et que , loin de seconder les aberrations de la puissance vitale , il faut di-riger ses efforts , calmer l'irritation des organes surexcités , stimuler ceux dont les fonctions languissent , rétablir dans l'ordre naturel ou physiologique les évacuations et sécrétions habituelles , rémédier ainsi aux altérations humorales , lorsqu'on ne peut par des moyens plus directs , par des remèdes spécifiques , en changer les combi-naisons délétères.

A peine le plus grand des médecins, l'oracle de Cos , a-t-il parlé des évacuations sanguines , et presque toujours, quand il en a parlé , c'étoit pour faire sentir combien elles sont nuisibles , lorsque la digestion s'opère difficilement, ou pour faire remarquer que le calme qu'elles procurent , est le calme de la mort , dans les maladies qui se manifestent par des frissons , avec fièvre , assou-pissement et tension au-dessous des côtes. « Saigner une femme en-ceinte , c'est, dit-il ailleurs , accélérer l'accouchement , déterminer une fausse couche Saigner , c'est rendre mortelle une pneumonie avec crachement de sang ».

Si dans cette dernière maladie les vaisseaux sont variqueux , si le sang est dissous, l'hémorrhagie augmente après la saignée , et lors même que les malades sont bien constitués , la déplétion que l'on procure s'oppose à un dégorgement local , à une crise nécessaire , à une exhalation sanguine qui , je l'ai prouvé dans mon essai sur l'hémoptysie , atteste que l'inflammation n'a point existé comme af-fection essentielle et primitive , ou qu'elle est dissipée. Il importe alors de seconder ou plutôt de diriger les efforts de la puissance vi-tale ; mais abuser de l'opinion vulgaire , que le sang ne coule que parce qu'il y en a trop , c'est aggraver la maladie, au moins prédis-poser à des rechutes. Tout traitement ultérieur devient insuffisant , et il n'est pas rare qu'une suppuration , une fluxion promptement mortelle succède à cette médication aussi irréfléchie qu'elle est fré-quemment adoptée.

Hommes à la mode, écoutez un des plus dignes commentateurs du sage, dont les observations , quels que soient vos dires , brilleront chaque jour d'un nouvel éclat ; cessez de profaner le temple d'Epi-

daure , le sanctuaire de la médecine : *O homines reipublicæ cala-*
mitosos atque funestos ! Ipsam pleuritidem quæ suâ sponte nullius operis
indigens , cum tali sputo quiesceret , ex eventu reddunt mortiferam.
(DURET.)

Et vous , qui applaudissez à de pareils sacrifices , qui en êtes
les témoins, qui pouvez en être les victimes , souvenez-vous qu'un
voile épais a souvent caché à nos yeux les vérités les plus importantes ; que la fille de Priam annonça les malheurs de sa patrie,
mais que Troye n'offroit plus que des ruines, quand elle fut écoutée. Souvenez - vous que plusieurs médecins ont dit et qu'ils ont
presque toujours dit inutilement ce que je répète aujourd'hui.

A Rome, l'on abusa de la saignée, et Rome se priva des secours de la médecine. Français, connoissez mieux vos véritables intérêts. Les médecins sont les arbitres de votre existence , et ils
prononcent sans appel. Fixez donc leur responsabilité, excitez leur
émulation ; distinguez du charlatan le *vir probus medendi peritus* , et
n'accusez point la science des fautes que peuvent commettre des
ministres qu'elle désavoue.

L'existence, le bonheur dépendent des habitudes et des relations
sociales. Les constitutions individuelles se détériorent, les états se
dépeuplent sous l'influence des mauvaises doctrines médicales ,
comme sous l'empire des mauvais gouvernemens. « Dans les pays
désolés par le despotisme, les hommes , dit Montesquieu, *Esprit*
« *des lois, liv.* 23, *chap.* 28 , les hommes ont péri d'une maladie
« insensible et habituelle : nés dans la langueur et dans la misère,
« dans la violence et les préjugés du gouvernement, ils se sont vu
« détruire, souvent sans sentir les causes de leur destruction. Dans
« leurs déserts, ils sont sans courage et sans industrie. Les grands ,
« quelques citoyens principaux sont devenus insensiblement proprié-
« taires de toute la contrée, et l'homme de travail n'a rien. » —
Hippocrate, *de aere , locis et aquis,* rappelle des observations analogues, faites sur les peuples de l'Asie.

Ces observations essentielles à l'histoire de l'homme , ne sont
point étrangères à la médecine ; mais sans doute elles le paroîtront
toujours chez un peuple qui , connoissant ses devoirs et ses droits,
ne pourroit, sans être agité, concevoir des inquiétudes. Lorsqu'il
posa les bases des institutions qu'elle attend , son souverain com-

bla les vœux de la France. Législateurs, associez-vous à la pensée du Numa français, du petit-fils de Henri; achevez son ouvrage. L'immortel souvenir de vos bienfaits, sera le prix de vos travaux, sera la couronne que se plaira à vous décerner une nation généreuse reconnoissante, héroïque même dans l'adversité.

(8) Les chiendens et autres herbes qui végètent abondamment dans nos terres, sont la cause la plus ordinaire de la stérilité de celles qui ne sont pas cultivées avec soin. La société d'agriculture de Dinan, bien pénétrée de cette vérité, propose des prix aux cultivateurs qui, par des ensemencemens alternatifs et des labours faits pendant les sécheresses, débarrasseront leurs terres des herbes nuisibles; mais presque tous veulent, sans faire de grandes avances, jouir promptement, en sorte que cette culture, d'ailleurs bien conçue, ne sera point ou ne sera que rarement suivie.

Pour atteindre le même but, j'ai fait, dans mon exploitation rurale, adapter à ma charrue un soc portant une aile longue de 15 pouces, inclinée de 2, assez écartée pour couper en dessous 8 ou 10 pouces de terre qui se trouve retournée par le versoir. En faisant agir deux fois successivement cette charrue sur les côtés des sillons, à 18 pouces du milieu des raies, celles-ci sont remplies par deux couches de terre, chacune de 4 à 5 pouces d'épaisseur. La première dans laquelle se trouvent les herbes est recouverte par la seconde, prise plus profondément. Le sillon se termine en renversant ainsi à deux fois et par bandes de 8 à 10 pouces les terres qui doivent le former, et l'on entraîne vers son milieu, avec le rateau à 4 dents, une partie de la seconde couche, afin qu'il soit arrondi et que les autres bandes de terre se placent horizontalement.

Cette culture diffère essentiellement de celles dont on a fait usage. J'en ai eu l'idée en janvier, et je l'ai employée pour de l'avoine semée en février, pour du froment de mars et de l'orge. D'après l'expérience que j'ai acquise sur l'utilité des défoncemens, je ne doute pas qu'elle ne procure plusieurs bonnes récoltes successives, même de froment.

Des raies profondes assurent l'écoulement des eaux et, dans un sillon large, les plantes souffrent peu pendant les sécheresses. Les miens sont de 9 pieds et les herbes au milieu sont enfoncées de 12 à 15 pouces. Les semences et les fumiers mis ensemble entre deux

couches de terre, se trouvent à une profondeur que l'on détermine
d'après la nature du sol.

Dans les terres difficiles à travailler, 4 ou 5 ouvriers suffisent pour
semer, étendre les fumiers, arrondir et dresser les sillons, pour
chacun desquels le harnais passe 18 ou 20 fois. En suivant le procédé
ordinaire, il ne passe que 18 ou même que 12 fois dans 3 sillons
de 3 pieds, mais il ne laboure que 5 ou 6 pouces de terre ; les herbes
ne peuvent être détruites, les semences sont placées à une profondeur très-inégale. Par la méthode que j'emploie les terres sont
bien divisées, on est dispensé de faire des guérêts, de les fer-
mer, de les hacher, d'aujoler, de herser etc., et l'on jouit de la
jachère, pour la nourriture des bestiaux, jusqu'à l'ensemencement.

Lorsqu'on ne met pas de la tremaine dans le froment, on peut,
après sa récolte, semer du seigle pour fourrage, de la vesce, des
pois, des fèves, des navets, des choux, ou autres plantes qui
doivent être enlevées avant la Saint-Jean. Le blé noir ou sarrasin,
que l'on sème alors, et qui nourrit près de la moitié des habitans
de nos contrées, est très-propre à faire périr les herbes. Les terres,
après deux récoltes se trouvent ainsi disposées à produire du froment.
Ce précieux végétal ne réussit pas moins bien après la pomme de
terre, dont la culture n'est pas très-dispendieuse, quand pour la
semer et la butter, on emploie la charrue.

EXPLICATION
De quelques termes de médecine.

ABERRATION, effort mal dirigé de la puissance vitale.

ABSORPTION, action des vaisseaux lymphatiques, lorsqu'ils font pénétrer dans le sang les substances avec lesquelles leurs ouvertures ou pores se trouvent en contact.

AFFINITÉ, disposition, tendance à s'unir, à se combiner.

ARTHRITIQUE, qui appartient à la goutte.

AUTOPSIE CADAVÉRIQUE, examen des cadavres.

CÉRÉBRAL, qui a rapport au cerveau.

CHILE, produit de la digestion qui, absorbé par les vaisseaux lymphatiques du canal alimentaire, forme le sang.

COHÉSION, force par laquelle les corps sont unis.

COLLIQUATIVES, sueurs visqueuses, grasses, froides, qui se manifestent spécialement à la poitrine, au cou, à la tête. Lorsqu'elles ont lieu, la transpiration séreuse et salutaire que l'on nomme insensible, est presque nulle.

CONCRÉTIONS SALINES, dépôts de sels qui s'observent dans la goutte. Les élémens des sels, les alcalis et les acides ont des propriétés stimulantes qui disparoissent ou s'affoiblissent quand ils se combinent de manière à former des sels neutres.

CONGESTION, amas, accumulation d'humeurs dans une partie.

CONSTRICTION, resserrement.

CRITIQUE, qui juge, qui termine. La crise est heureuse ou malheureuse.

CUTANÉ, qui se manifeste à la peau.

DÉBILITANT, qui affoiblit.

DÉLÉTÈRE, nuisible, destructeur.

DÉPLÉTION, diminution de la quantité des fluides.

ECHIMOSE, tache formée par du sang épanché dans le tissu cellulaire.

ENDÉMIQUE, maladie que l'on observe toujours dans une contrée.

ÉPIDÉMIQUE, maladie qui cesse de se manifester, et reparoît en attaquant à la fois plusieurs personnes.

ÉPIGASTRIQUE, qui est placé sur l'estomac.

ÉRÉTHISME, irritation, tension.

ÉRUPTIVE, affection qui se montre à la peau,

EUDIOMÉTRIQUE, destiné à faire connoître les élémens de l'atmosphère.

EXACERBATION, redoublement, crise des maladies.

EXCISION, action de couper.

EXHALATION SANGUINE, sortie du sang par les pores des vaisseaux capillaires.

EXOTIQUE, substance que nous recevons de l'étranger.

GASTRIQUE, qui a rapport à l'estomac.

GASTRO-ENTÉRITE, phlegmasie ou inflammation de l'estomac et des intestins.

GANGLIONS, espèce de glandes qui remplissent des fonctions analogues à celles du cerveau, relativement au nerf qui se distribue aux viscères et que l'on appelle TRISPLANCHNIQUE.

HYGIÈNE, partie de la médecine qui apprend à conserver la santé.

IMPONDÉRABLE, qui ne peut être pesé

INCOERCIBLE, qui ne peut être renfermé.

Indigènes, substances qui se trouvent naturellement dans le pays.

Infiltrée, état de la peau et des chairs dans l'hydropisie, ou épanchement d'eau.

Irradiation, action d'un corps qui jette des rayons. Le soleil répand la lumière par irradiation.

Livide, plombé, noirâtre.

Lymphe, la partie du sang qui est la plus aqueuse et la moins colorée.

Mammaires, vaisseaux qui se distribuent à la peau dont l'estomac est recouvert.

Médicastre, celui qui exerce la médecine sans l'avoir étudiée.

> Un sot trouve toujours un plus sot qui l'admire.

Le charlatan peut être instruit; mais il sait que le chemin de l'honneur n'est pas celui de la fortune. Il oppose aux faits et aux raisonnemens des assertions vagues, des déclamations ou des injures. Il se rit des dupes, et marche sans compter ses victimes.

Médication, méthode de traitement.

Métastase. Il y a métastase quand une humeur fixée dans une partie, est transportée dans une autre.

Miasmes, exhalaisons nuisibles répandues dans l'atmosphère.

Morbide, état de maladie.

Morbifique, qui cause la maladie.

Nécrologe, registre où l'on inscrit le nom des morts.

Organisme, l'ensemble de l'organisation.

Pathologie, description des maladies.

Perspirabilité, faculté de transmettre au dehors la transpiration insensible.

Perturbatrice. La médecine est perturbatrice quand elle s'oppose aux crises salutaires, soit en rendant la nature impuissante par l'abus des débilitans, soit en stimulant des organes essentiels et déja surexcités.

Pléthore, distension des vaisseaux par les fluides qu'ils renferment.

Plèvre, membrane qui recouvre les poumons, et dont l'inflammation s'appèle pleurésie.

Pneumonie ou Peripneumonie, fluxion de poitrine, engorgement du tissus des poumons.

Résorption, absorption des solides ou des fluides qui ont fait partie de nos humeurs.

Révulsif, remède qui détermine une fluxion ou affluence d'humeurs vers la partie soumise à son action.

Sécretion, filtration ou séparation des fluides qui émanent du sang.

Séméiotique, exposition des symptomes des maladies.

Spasme, contraction.

Symptôme, disposition contre nature qui est l'effet d'une maladie.

Sympathie, passion ou affection mutuelle. Les sympathies physiologiques résultent des rapports que les organes remplissant des fonctions analogues, ont entre eux. Elles fixent et fixeront toujours utilement l'attention des médecins; mais les expressions sympathies pathologiques, inflammations sympathiques, n'ont pas un sens plus déterminé que celles de vapeurs, de maux de nerfs qu'elles remplacent aujourd'hui. Elles prouvent moins les progrès de la médecine, que la facilité avec laquelle on adopte des mots qui, présentés comme le *nec plus ultrà* de la science, satisfont les malades et dispensent les médecins de toutes recherches ultérieures.

Thérapeutique, méthode de traiter les maladies.

Variqueux, vaisseaux qui, n'étant point suffisamment stimulés, se laissent distendre.

Ubi stimulus, ibi affluxus. Les humeurs se portent où est l'irritation.

Véhicule, qui sert à faire passer, à conduire.